Rejane Mara Frizzarin

Determinação de selênio em rações para animais

AF155117

Rejane Mara Frizzarin

Determinação de selênio em rações para animais

Um procedimento analítico automático para a determinação espectrofotométrica de selênio

Novas Edições Acadêmicas

Impressum / Impressão
Bibliografische Information der Deutschen Nationalbibliothek: Die Deutsche Nationalbibliothek verzeichnet diese Publikation in der Deutschen Nationalbibliografie; detaillierte bibliografische Daten sind im Internet über http://dnb.d-nb.de abrufbar.
Alle in diesem Buch genannten Marken und Produktnamen unterliegen warenzeichen-, marken- oder patentrechtlichem Schutz bzw. sind Warenzeichen oder eingetragene Warenzeichen der jeweiligen Inhaber. Die Wiedergabe von Marken, Produktnamen, Gebrauchsnamen, Handelsnamen, Warenbezeichnungen u.s.w. in diesem Werk berechtigt auch ohne besondere Kennzeichnung nicht zu der Annahme, dass solche Namen im Sinne der Warenzeichen- und Markenschutzgesetzgebung als frei zu betrachten wären und daher von jedermann benutzt werden dürften.

Informação biográfica publicada por Deutsche Nationalbibliothek: Nationalbibliothek numera essa publicação em Deutsche Nationalbibliografie; dados biográficos detalhados estão disponíveis na Internet: http://dnb.d-nb.de.
Os outros nomes de marcas e produtos citados neste livro estão sujeitos à marca registrada ou a proteção de patentes e são marcas comerciais registradas dos seus respectivos proprietários. O uso dos nomes de marcas, nome de produto, nomes comuns, nome comerciais, descrições de produtos, etc. Inclusive sem uma marca particular nestas publicações, de forma alguma deve interpretar-se no sentido de que estes nomes possam ser considerados ilimitados em matérias de marcas e legislação de proteção de marcas e, portanto, ser utilizadas por qualquer pessoa.

Coverbild / Imagem da capa: www.ingimage.com

Verlag / Editora:
Novas Edições Acadêmicas
ist ein Imprint der / é uma marca de
OmniScriptum GmbH & Co. KG
Heinrich-Böcking-Str. 6-8, 66121 Saarbrücken, Deutschland / Niemcy
Email / Correio eletrônico: info@nea-edicoes.com

Herstellung: siehe letzte Seite /
Publicado: veja a última página
ISBN: 978-3-639-83622-6

DETERMINAÇÃO ESPECTROFOTOMÉTRICA DE SELÊNIO EM RAÇÕES PARA ANIMAIS EMPREGANDO ANÁLISE POR INJEÇÃO EM FLUXO

Rejane Mara Frizzarin

2015

"Ainda que eu falasse as línguas dos homens e dos anjos (...)
e ainda que tivesse o dom de profecia, e
conhecesse todos os mistérios e toda a ciência,
e ainda que tivesse toda a fé, de maneira tal que
transportasse os montes, e não tivesse amor,
nada seria".

(Bíblia Sagrada, Coríntios 13:1-2)

Dedico

À Deus pela oportunidade de viver.

À minha família maravilhosa que me apoia em todos os momentos.

Ao professor Boaventura Freire do Reis que me deu a oportunidade de me apaixonar pela investigação científica.

Ao amigo querido Professor Fábio Rocha que sempre direcionou minha vida para melhor, desde que o conheci.

Ao Instituto de Química de São Carlos e ao Centro de Energia Nuclear na Agricultura pela permissão de desenvolver duas etapas importantes em minha vida: mestrado e doutorado.

À Capes e ao CNPq pelas bolsas de estudos concedidas.

Aos amigos queridos que sempre confiaram em minha capacidade: Luciana Dias de Morais e Silva e Professor Antonio Roccia. Encontrei a felicidade com a presença de vocês em minha vida!

Sinceramente,
muito obrigada!

SUMÁRIO

Capítulo 1. INTRODUÇÃO

Em 1818, Berzelius, em Gripsholm, Suécia, identificou o selênio como um novo elemento químico. A notável susceptibilidade em sofrer excitação eletrônica mediante incidência de luz, resultando na geração de corrente elétrica, incentivou seu emprego tecnológico. Essa característica tem sido explorada na construção de células fotoelétricas, foto-detectores, retificadores e máquinas de cópias xerográficas[1]. Os compostos de selênio são usados para descolorir pigmentos esverdeados em vidros, na fabricação de tintas e também para gerar a cor vermelho-rubi vista em sinais de advertência e luzes nas traseiras de automóveis. O selênio é largamente distribuído na natureza em concentrações relativamente baixas em rochas, solos, plantas, carvão e outros combustíveis fósseis[2].

A toxidez do selênio foi comprovada em 1842 e só foi associada definitivamente a quadros clínico-patológicos em animais de fazenda em 1935. Neste caso, foi responsabilizado como sendo o causador das enfermidades conhecidas como Blind Staggers (BS) e Alkali Disease (AD). A alkali disease foi associada, equivocadamente, aos álcalis da água da região do Nebraska, EUA, onde há elevada concentração de selênio no solo[3].

O efeito tóxico do selênio foi observado em gado que comia determinados tipos de plantas. O selênio representa um papel essencial no ciclo de vida de plantas que absorvem os compostos orgânicos contendo selênio acumulados nas terras de áreas semi-áridas[2]. Os animais que pastavam apresentaram inflamação nos pés e supuração da pele na junta do casco, causando a perda do casco e a morte[4]. Era consenso, a relação entre a ingestão de plantas com altos teores desse elemento e a ocorrência dessas doenças[3].

O selênio foi descoberto como sendo um micronutriente essencial para prevenir necrose hepática em ratos[5]. A partir de então, surgiu novo interesse neste elemento, indicando seu possível papel na prevenção de determinadas doenças e iniciando uma linha de investigação que continua até hoje[4]. No final da década de 50 e ao longo da década de 60, foram descobertas diversas doenças relacionadas com selênio, instituindo-se nessa época seu uso terapêutico e profilático. Na década de 70, passou-se a adicionar o selênio ao "premix" para suplementação do elemento na dieta[3]. Em oposição à preocupação inicial com a toxicidade de selênio, os nutricionistas focalizaram sua atenção para a função metabólica deste elemento e às conseqüências de sua deficiência ou excesso. Necrose hepática em ratos foi associada à quantidade inadequada de selênio e de vitamina E mediante investigações do efeito de vitaminas em dietas[4]. A deficiência ou excesso de selênio afeta a disponibilidade da vitamina E, trazendo como conseqüência necrose como observado em fígado de ratos, distrofia muscular em coelhos, diabete em galinhas etc. No caso de deficiência de selênio, doses profiláticas ou terapêuticas são administradas usando, principalmente, selenito de sódio[6].

Diversos estudos têm sido realizados sobre o papel fisiológico do selênio e, atualmente, sabe-se que é um bioelemento essencial para o funcionamento do organismo[7], quando disponibilizado em nível de traço. Sua determinação analítica é de interesse considerável por causa dos seus efeitos biológicos contrastantes[2]. Está ligado a selenoproteínas que têm funções enzimáticas importantes em reações metabólicas[8].

Presente no sítio ativo da enzima glutadiona peroxidase, é responsável pela eliminação de traços de peróxidos gerados durante o metabolismo celular[9].

Diversos estudos têm chamado à atenção a respeito do seu potencial anticancerígeno, pois promove a formação de células sangüíneas brancas, que destroem as células cancerígenas[8]. Outros estudos indicam a utilização deste elemento como antídoto em casos de contaminação por metais pesados, especialmente por mercúrio e cádmio[9]. Sua forma central é ativada para a formação de seleno-enzimas, que promovem reações de óxido-redução, como glutadiona, thioredoxina peroxidase e hormônios da família thyroid deiodinase redutase. O corpo humano usa o selênio para produzir a enzima glutadiona peroxidase, que trabalha com a vitamina E para proteger a membrana celular dos danos causados pelos radicais livres produzidos pelo metabolismo celular. Além disso, impulsiona o sistema imunológico aumentando a atividade e o número de células sangüíneas brancas, prevenindo envelhecimentos prematuros. O selênio é também essencial para o funcionamento normal da glândula tiróide[8]. Por outro lado, o selênio é conhecido por ser um elemento altamente tóxico com uma faixa adequada muito estreita entre o excesso e a dose profilática. Sua deficiência causa edema pulmonar, dores abdominais, icterícia, doenças gastrointestinais crônicas, perda de cabelo e fadiga em seres humanos[2].

Na China, a deficiência de selênio é conhecida como a doença "Keshan", que é caracterizada pelo inchaço do coração e prejuízos no seu funcionamento. Por outro lado, o alto nível de selênio no sangue pode resultar em selenose, que é caracterizada por transtornos gastrointestinais, perda de cabelo, manchas brancas nas unhas e danos nos nervos moderados[8].

O selênio pode ser encontrado nas águas naturais devido à lixiviação em rochas seleníferas ou descartes industriais. Tais águas escoadas dessas terras podem causar poluição ambiental severa[2]. Uma baixa precipitação pluviométrica parece predispor à intoxicação, quando do consumo de plantas contendo alta concentração de selênio, pois, além de não ocorrer lixiviação de selênio do solo, a falta de forragem poderia conduzir à ingestão de grande quantidade dessas plantas[8].

Em geral, a concentração de selênio na maioria das águas naturais e potáveis[7] é menor que 10 μg L^{-1}. Nos solos, a concentração está entre 0,1 e 2,0 μg g^{-1}, enquanto em alguns vegetais pode chegar a 1000 μg g^{-1} dependendo do tipo de planta e do solo em que foi cultivada. Entretanto, em plantas usadas para rações animais, concentrações inferiores a 10 μg g^{-1} são encontradas[1].

Em humanos, os valores considerados normais variam de 80 a 120 μg L^{-1} no sangue e em torno de 30 mg L^{-1} na urina[10]. As agências reguladoras nacionais[11] e internacionais (USEPA)[7] estabelecem o limite de selênio em água potável (classe 1) em 10.0 e 5.0 μg L^{-1}, respectivamente. A USEPA considera esta a concentração limite para a exposição das comunidades aquáticas[12]. Selênio está presente nos suplementos vitamínicos e formulações farmacêuticas pela adição de selênio (IV), na forma de selenito de sódio ou dióxido de selênio[8]. O risco de intoxicação para animais e para o homem é grande, pois o elemento tem sido incluído nos suplementos minerais e vitamínicos indiscriminadamente por pessoas que buscam melhorias no desempenho como atletas ou no retardo do envelhecimento. Desta forma, torna-se necessário conhecer a concentração contida nos suplementos, pois as doses terapêuticas ou profiláticas não são muito menores do que as doses tóxicas[8].

1.1. Determinação de selênio

Diversas técnicas analíticas têm sido utilizadas para a determinação de selênio, tais como espectrofluorimetria molecular[13] ou atômica[14,15], cromatografia[9], espectrometria de absorção atômica com chama[16] ou forno de grafite[17], espectrometria de massa[18,19,20] ou de emissão ótica[21] com plasma indutivamente acoplado e espectrofotometria de absorção molecular[22]. A hifenação entre as técnicas[20,23-24] tem sido muito explorada a fim de aumentar a sensibilidade dos procedimentos analíticos.

O método fluorimétrico mais usual é baseado na reação entre íons selenito e 2,3-diaminonaftaleno, produzindo um piazoselenol[25-26]. Apesar de ser bastante sensível, a metodologia é tediosa, envolvendo processos de extração, rigoroso controle de pH e uso de reagentes tóxicos e instáveis. A espectrometria de fluorescência atômica[14,15] tem sido explorada atualmente para especiação de selênio, entretanto requer o acoplamento da geração de hidretos para separação do analito[27]. Os métodos cromatográficos são aplicados após procedimentos de extração, em muitos casos com reagentes ou solventes tóxicos (e.g. formação e extração de piazoselenóis[9,28]), estando sujeitos aos mesmos inconvenientes que envolvem os procedimentos de extração[29].

A determinação de selênio por espectrometria de absorção ou emissão atômica apresenta como dificuldade a localização das principais linhas de ressonância na região do ultravioleta, sendo necessário empregar equipamentos a vácuo[16,21]. Na espectrometria de absorção atômica em forno de grafite, são observadas diversas interferências espectrais, causadas principalmente, por sais de ferro e fósforo[13]. Além disso, o emprego de temperaturas de pirólise elevadas é dificultado pela alta volatilidade do elemento[9]. Métodos baseados na geração de hidreto de selênio[21-22], apesar de bastante sensíveis, utilizam elevados volumes de amostra e são sujeitos a interferências de diversos elementos[30], tais como: Ag, Cu, Ni, Pd, Pt, Rh, Ru e Sn.

Ainda tratando de detecção por espectrometria por absorção atômica com forno de grafite[31], microextração líquido-líquido dispersiva[32], seguida da determinação por GF AAS, tem sido empregada para a determinação de selênio, entretanto requer o uso de solventes orgânicos (e.g. tetracloreto de carbono). Extração em fase sólida tem sido explorada para especiação de selênio[33] seguida de diversas técnicas de detecção (e.g. GF AAS[17,34]). A co-precipitação de selênio (IV) com hidróxido de magnésio[35], após a redução de selênio (VI) foi utilizada como estratégia para determinação de selênio (IV). Nanopartículas funcionalizadas[36] foram utilizadas para extração e especiação de selênio com detecção por eletroforese capilar acoplada a espectrometria de absorção atômica com forno de grafite.

Com relação ao tratamento da amostra, várias técnicas inovadoras têm sido estudadas. Separação/extração com fase sólida seguida de co-precipitação com óxido de lantânio e foto-redução para especiação de selênio[23] ou microextração com gota orgânica flutuante[24] tem sido explorada a fim de aumentar a sensibilidade analítica. Para contornar os solventes orgânicos nas extrações líquido-líquido, extração com ponto nuvem[37-26] tem sido explorada como estratégia uma vez que utiliza surfactante como extrator. Entretanto, apesar de ambientalmente mais amigável, as muitas etapas requeridas tornam estes procedimentos morosos e trabalhosos, além de gerar grande volume de resíduos quando realizados em batelada. Amostragem de sólidos para a determinação de selênio em fezes e alimentos de peixe[38], empregando espectrometria de absorção atômica com forno de grafite. O tratamento da amostra envolve moagem criogênica, mineralização em microondas com peróxido de hidrogênio, e banho ultrassônico. Este método não requer digestão prévia da amostra, diminuindo o tempo de preparo, e evitando perda do analito por manipulação excessiva. Entretanto, o processamento no estado sólido não impede a perda do analito devido à alta volatilidade do mesmo na etapa de pirólise, e, além disso, produz resíduos de carbono no forno de grafite, diminuindo o tempo de vida útil.

As metodologias baseadas em espectrofotometria UV-Vis, em geral, não apresentam sensibilidade adequada para a determinação de selênio em amostras para suprimento nutricional de animais[39], tendo em vista que a concentração esperada é em torno de 0,3 mg kg^{-1}, segundo os fabricantes. Entretanto, essa dificuldade pode ser contornada empregando métodos baseados em reações catalíticas.

Feigl e West[40] propuseram diversos testes qualitativos para selênio, baseado em seu efeito catalítico sobre reações de óxido-redução, utilizando sulfeto como agente redutor. Foram investigadas reações com cromato, ácido pícrico, diclorofenol-indofenol, catecolina, azul de metileno etc. A mudança de coloração ou formação de precipitado indicava a presença de selênio. A partir destas informações, diversos procedimentos foram propostos para a determinação deste elemento.

Os testes qualitativos foram adaptados envolvendo o efeito catalítico de selênio sobre a redução de azul de metileno por sulfeto para a determinação quantitativa[41]. O parâmetro de medida era o intervalo de tempo necessário para a completa descoloração (acompanhada visualmente) do azul de metileno. Parâmetros tais como a concentração dos reagentes, pH e temperatura foram otimizados, permitindo a quantificação em amostras contendo entre 0,10 e 1,0 µg Se. Posteriormente, a evolução da metodologia permitiu a determinação de selênio nas faixas de 2,5-30 µg L⁻¹ e 15-75 µg L⁻¹, respectivamente[39-42].

A redução de resazurina por sulfeto[43] e de bromato por hidrazina[44] foram propostos como métodos catalíticos para a determinação de selênio. Medidas de absorbância foram empregadas para o acompanhamento das reações permitindo que limites de detecção em torno de 1,0 µg L⁻¹ fossem alcançados. A adição de ácido etilenodiamina tetra-acético (EDTA) e a extração dos quelatos em clorofórmio foram utilizadas para eliminar interferências. A ação inibitória do selênio sobre a reação entre pironina G e hipofosfito[45], catalisada por paládio (II), foi explorada para determinar o elemento entre 0,030 e 0,50 mg L⁻¹. Contudo, a baixa seletividade do método é um fator limitante à sua utilização.

Procedimentos para a determinação catalítica de diversos elementos têm sido convenientemente acoplados a sistemas de injeção em fluxo[46]. A redução do azul de toluidina por sulfeto tem sido utilizada para a determinação espectrofotométrica de selênio na faixa de 0,20 a 2,0 µg L⁻¹, apresentando limite de detecção de 80 ng L⁻¹. O procedimento foi aplicado à determinação de selênio em minérios e em preparações farmacêuticas. A redução de picrato por sulfeto catalisada por selênio foi utilizada para a determinação em concentrações de selênio na faixa de 0,10 a 1,0 mg L⁻¹. Interferências de diversos íons foram eliminadas no próprio sistema de fluxo, usando uma coluna com resina de troca iônica e mascaramento com ácido etilenodiamina tetra-acético (EDTA)[46].

Um procedimento espectrofotométrico empregando um sistema de análises injeção em fluxo para determinação de selênio (IV) foi desenvolvido baseado no efeito catalítico de selênio na redução de resorfurina por sulfeto em meio micelar[44]. O método demonstrou ser simples, rápido e preciso. O surfactante mais apropriado foi o cloreto de cetilpiridínio em pH 7,0.

Traços de selênio foram espectrofotometricamente determinados explorando o efeito catalítico do analito sobre a reação entre tionina com o íon sulfeto[47]. O limite de detecção foi estimado em 5 ng mL^{-1} com coeficiente de variação de 1,1% para uma solução de referência de 1 µg mL^{-1} de Se. O procedimento foi aplicado à análise de suplementos multivitamínicos e xampu anti-caspa.

A reação entre fenilhidrazina e clorato de potássio foi utilizada para a determinação de selênio[48]. O produto da reação foi detectado por espectrofotometria. Limite de detecção de 0,52 mg L^{-1} de Se e resposta linear para concentrações de selênio inferiores a 50 mg L^{-1} foram obtidas como figuras de mérito. Os sistemas de análises por injeção em fluxo utilizando parada de fluxo e fluxo reverso foram explorados e resultaram em limites de detecção de 0,21 e 0,15 mg L^{-1} de Se, respectivamente. Ayoama e colaboradores[13] propuseram um método espectrofotométrico catalítico para a determinação de selênio na faixa de 1,3 pmol L^{-1} a 1,2 nmol L^{-1}. O limite de detecção foi estimado em 0,3 pmol L^{-1}. Interferência devida aos íons cobre (II) foi eliminada por complexação com batocuproína e posterior adsorção do quelato.

A reação de selênio com iodeto de potássio, em meio ácido, para liberação de iodina foi empregada para a determinação de selênio[49]. A coloração azul formada obedeceu a Lei de Beer na faixa de 2 a 12 µg de selênio, tendo absorção máxima em 570 nm. O procedimento foi aplicado em amostras de águas naturais, águas poluídas, solos, amostras biológicas e cabelo humano. A reação ocorre em meio altamente ácido, pH 2, ajustado com HCl. EDTA e Fe(III) foram usados como agentes mascarantes para íons interferentes. O método demonstrou ser simples, rápido e sensível, não necessitando de aquecimento ou extração com solventes orgânicos.

Um procedimento catalítico para determinação espectrofotométrica de selênio (IV) baseado na redução de maxilon-blue (SG) por sulfeto de sódio também foi proposto[50]. A faixa de resposta foi linear de 0,004 a 0,2 µg mL^{-1} de selênio tendo sido aplicado na determinação de selênio em amostras de xampus anti-caspa e a possibilidade de interferências foi contornada empregando resina de troca iônica.

A determinação simultânea de selênio e telúrio foi proposta baseada no efeito catalítico destes cátions sobre a reação de azul de toluidina com sulfeto[51]. O método espectrofotométrico empregou calibração multivariada. A presença de íons sulfito causava pronunciada interferência e o método foi aplicado em amostras sintéticas e soluções de referência misturadas.

O reagente verde de malaquita leuco foi empregado para a determinação por espectrofotometria de selênio (IV)[52]. O método foi baseado na reação de selênio (IV) com iodeto de potássio em meio ácido para liberar iodina. Em tampão acetato com pH na faixa de 4,2 a 4,9, e temperatura de 40 °C, a iodina liberada oxidava o reagente de verde de malaquita leuco. A lei de Beer foi obedecida na faixa de 0,04 a 0,4 µg mL^{-1} de selênio. O procedimento foi empregado em amostras de águas, solos, plantas, cabelos humanos e cosméticos. A interferência de íons metálicos foi suprimida empregando uma solução de EDTA.

A oxidação de 4-aminopiridina por selênio (IV) seguido de reação com cloridrato de n-(1-naftaleno-1-yl) etano-1,2-diamina (NEDA) também foi explorada para determinação de selênio[53]. O meio ácido favorecia a produção de um composto de coloração púrpura que poderia ser detectado a 560 nm. O método proposto foi empregado para determinação de selênio em amostras vegetais e a faixa de concentração de trabalho foi mantida entre 1,0 e 2,1 μg mL^{-1}. O mesmo reagente (NEDA) foi empregado para a determinação de selênio em um procedimento espectrofotométrico automatizado por injeção em fluxo[54]. Selênio (IV) foi determinado em formulações farmacêuticas multivitamínicas e minerais com base na reação de oxidação de 4-aminopiridina (4-amino-1,2-dihidro-1,5-dimetil-2-fenil-3H-pirazole-3-one; 4-AAP) por selênio em meio ácido, seguido de reação com cloridrato de n-(1-naftaleno-1-yl)etano-1,2-diamina (NEDA) gerando um produto de coloração violeta. A lei de Beer foi obedecida na faixa de concentração de 0,05 a 5 μg mL^{-1}.

Uma etapa de pré-concentração foi proposta explorando os sistemas de análises por injeção em fluxo para a determinação de selênio baseando-se na reação de oxidação de 3-metil-2-benzotiazolinona hydrazona hidrocloridríca (MBTH) com selênio (IV), seguido da reação com ácido cromotrópico (4,5-dihidroxi naptaleno-2,7-ácido dissulfônico) em meio básico (tampão em pH 10,5), resultando em um composto de coloração rosa[2], detectado em 530 nm. O procedimento foi aplicado na determinação de selênio em amostras de águas naturais e poluídas e apresentou como frequência analítica 10 determinações por hora.

A redução de bromato de dicloridrato de hidrazina por metil-orange é muito lenta e selênio atua como um eficiente catalisador permitindo a especiação selênio (Se(IV), Se(VI) e Se total) em amostras de águas naturais[55]. Neste sentido, o procedimento foi desenvolvido explorando várias faixas de resposta linear que permitiu obter limite de detecção da ordem de 1,3 µg L^{-1}, em função do tempo, além de possibilitar adaptar a faixa de resposta de acordo com a quantidade de selênio na amostra. Com isso, foi possível contornar inconvenientes como a baixa reprodutibilidade e o elevado consumo do reagente (metil-orange) que usuais nos procedimentos que exploram esta reação.

1.2. Considerações sobre métodos cinéticos

Os métodos cinéticos de análise caracterizam-se por medidas efetuadas em condições dinâmicas, em que as concentrações dos reagentes e produtos estão mudando continuamente. A taxa com que um reagente é consumido ou que um produto é formado pode ser utilizado como parâmetro analítico. Portanto, em métodos cinéticos de análise, fatores que influenciam a velocidade das reações que envolvem o analito e as espécies potencialmente interferentes, podem ser explorados de forma a obter procedimentos mais seletivos.

Métodos cinéticos catalíticos, nos quais o analito influencia a velocidade de uma dada reação química, têm sido utilizados para a determinação de diversos elementos[46,56]. Estes procedimentos apresentam como principais vantagens alta sensibilidade e baixo limite de detecção. Entretanto, os métodos catalíticos, em geral, são pouco seletivos, pois espécies quimicamente similares tendem a influenciar de forma semelhante à velocidade de reações químicas.

Diversos procedimentos têm sido propostos para melhorar a seletividade de métodos catalíticos. Os recursos empregados incluem o controle das condições reacionais, tais como concentração dos reagentes, pH do meio e temperatura. Também, têm sido utilizadas substâncias ativadoras ou inibidoras e processos de separação[56]. Apesar disso, a falta de seletividade ainda constitui o principal obstáculo para o emprego de algumas metodologias baseadas em processos catalíticos.

Os sistemas de Análise por Injeção em Fluxo (FIA) apresentam recursos que potencializam o emprego de métodos cinéticos de análise, visto que na maioria dos casos a detecção dos produtos reacionais é efetuada fora das condições de equilíbrio químico. Isto é possível porque o tempo de residência é fixo e reprodutível para amostras e soluções de referência[57]. Desta forma, características cinéticas das reações químicas podem ser exploradas visando melhorar a seletividade de procedimentos analíticos, bem como possibilitar determinações sequenciais de espécies distintas[58]. Procedimentos usualmente tediosos e que consomem muito tempo, como o emprego de técnicas de separação, podem ser adequadamente adaptados aos sistemas FIA, possibilitando a eliminação de interferências[57,59]. Adicionalmente, como a reprodutibilidade de procedimentos que utilizam reações catalisadas é vinculada à mistura adequada de reagentes em intervalo de tempo constante, a utilização de sistemas de injeção em fluxo pode melhorar a precisão de tais métodos. Características particulares da utilização de sistemas FIA para determinações catalíticas de diversos elementos (inclusive selênio) foram discutidas por Kawashima e Nakano[46]. Além disso, diversas revisões podem ser encontradas em literatura para compreender melhor sobre selênio[12,27,60].

1.3. Sistemas de análise em fluxo com multicomutação

O processo de Análise por Injeção em Fluxo foi proposto em 1975, tendo como conceito básico a inserção da alíquota da amostra em fluido transportador, sendo as soluções dos reagentes adicionadas por confluência ao longo do percurso analítico[57]. Durante o transporte até o sistema de detecção ocorrem transformações químicas e/ou físicas na amostra injetada[61]. Inicialmente, a alíquota da solução da amostra era selecionada e inserida no percurso analítico por meio de uma seringa, o que deu origem ao nome do processo. Atualmente, a inserção da amostra pode ser realizada em função do volume pelo emprego de válvulas rotatórias de 6 vias[62,63,64], injetores comutadores[65] ou proporcionais[66]. Entretanto, apesar da extensa utilização, os injetores proporcionais (comutadores) e as válvulas rotatórias são dispositivos de comutação solidária, que trabalham com dois estágios de repouso, limitando a versatilidade do processo. O processo de multicomutação[61,64] permite a introdução seqüencial das alíquotas das soluções das amostras e dos reagentes, em função do tempo, e podem ser gerenciados independentemente. Os módulos de análise são controlados por computador, permitindo através do acionamento discreto das válvulas solenóides, obter uma maior maleabilidade na manipulação das soluções de amostras e reagentes[64].

1.4. Descrição do método

A reação adotada para o desenvolvimento do método analítico proposto foi apresentada por Zhengjun e colaboradores[67], empregando determinação espectrofotométrica de traços de selênio em águas do mar. O método demonstrou ser sensível, eficiente e adequado para amostras de água do mar e sais marinhos.

O procedimento foi baseado no efeito acelerador de selênio (IV) sobre a reação de ácido etilenodiamina tetra-acético (EDTA) e nitrato de sódio com sulfato de ferro (II) amoniacal em meio ácido. O mecanismo que permite o entendimento do efeito catalítico de selênio foi primeiramente proposto por Feigl e West[40]. Conforme Budnikov e colaboradores[68], o método é cinético para a determinação de selênio (IV) em que a reação indicadora é a reação redox entre um complexo EDTA de ferro (II) (FeY^{-2}) e íons nitrato, gerando um complexo EDTA-ferro (III) e um composto nitrosil colorido com uma composição hipotética $y[FeY^{-2}]$. xNO. Este método é atrativo por causa da sua alta seletividade e sensibilidade, estabilidade das soluções usadas no decorrer do tempo e ainda, disponibilidade dos reagentes.

1.5. Objetivos

Neste trabalho, foi desenvolvido um procedimento analítico automático para a determinação espectrofotométrica de selênio em rações para animais. A reação empregada foi baseada no efeito catalítico de selênio (IV) sobre a reação de ácido etilenodiamina tetra-acético (EDTA) e nitrato de sódio com sulfato de ferro (II) amoniacal em meio ácido. O módulo de análises foi baseado no processo de multicomutação em fluxo visando à implementação de um procedimento analítico estável ao longo do tempo, simples e de baixo custo.

Capítulo 2. MATERIAIS E MÉTODOS

2.1. Materiais e equipamentos

Os equipamentos e acessórios utilizados foram: fotômetro construído em laboratório equipado com LED[69,70], bomba peristáltica Ismatec IPC8 equipada com tubos de bombeamento e interface de controle serial, computador equipado com interface analógica/digital PCL711S (Advantech Corp), injetor automático construído pelo Prof. Dr. Boaventura Freire dos Reis no laboratório de Química Analítica, cinco válvulas de estrangulamento (pinch) normalmente fechadas (61P011 Nresearch), uma válvula solenóide de 3 vias (161T031, Nresearch), interface de potência para acionamento das válvulas, confluências de acrílico e reatores helicoidais feitos com tubos de polietileno com diâmetro interno de 0,8 mm. Esses materiais são disponíveis no laboratório de Química Analítica "Henrique Bergamin Filho", do Centro de Energia Nuclear na Agricultura, da Universidade de São Paulo.

2.2. Reagentes

Todas as soluções foram preparadas a partir de reagentes com grau analítico. Solução estoque de selênio (IV) foi preparada a partir de selenito de sódio, pesando-se 2,1901 g de Na_2SeO_3 e completando-se o volume para 1000 mL. Dessa forma, obteve-se uma solução estoque de 1000 mg L^{-1} de selênio, que era refeita a cada duas ou três semanas. As soluções de referência foram preparadas, diariamente, por diluições sucessivas da solução estoque e calibrando o pH para 7 com NaOH, nas concentrações 0,0; 0,01; 0,05; 0,1; 0,25; 0,5; 1,0; 1,5 e 2,0 mg L^{-1} de selênio em $HClO_4$ 0,25 M. Foi utilizada água destilada e deionizada em sistema Milli-Q, e as vidrarias foram previamente limpas com HNO_3 10 % (v/v).

O reagente de sulfato ferroso amoniacal foi preparado adicionando-se 9,804 g de $(NH_4)_2Fe(SO_4)_2.6H_2O$ em um balão volumétrico de 500 mL e completando-se o volume com H_2SO_4 0,025 mol L^{-1}. O reagente de EDTA/$NaNO_3$ foi preparado tomando-se 20 g de EDTA e 200 g de $NaNO_3$, em 400 mL de água deionizada. Após a filtragem a solução estava saturada com os sais. Para transportador do sistema em fluxo foi utilizado H_2O deionizada. A solução redutora de selênio consistiu em adicionar 0,189 g de $NaBH_4$ em um balão volumétrico de 500 mL, completando-se o volume com água deionizada.

2.3. Amostras e digestão

As amostras de rações de animais domésticos foram obtidas no comércio local. Cada amostra foi misturada mecanicamente visando alcançar uma mistura homogênea entre os componentes sólidos. Porções de cada amostra foram pulverizadas empregando moinho criogênico. A mineralização foi feita empregando o processo de digestão em meio ácido nítrico/perclórico[71]. Assim, foi pesado 0,250 mg de amostra sólida, transferida para um tubo de digestão de 75 mL, e foi adicionado 7,5 mL de HNO_3 concentrado. Após a mistura, os tubos ficaram em repouso por 2 horas. Em seguida, foram colocados no bloco digestor e a temperatura foi ajustada para 160 ºC. Após 15 minutos, parte do ácido nítrico havia evaporado e a solução apresentava coloração clara. Após resfriamento dos tubos foi adicionado 2 mL de $HClO_4$ concentrado e a temperatura foi ajustada para 210 ºC, e assim permaneceu até apresentar uma fumaça branca. Após os tubos estarem resfriados novamente, o volume foi completado para 25 mL com H_2O.

2.4. Descrição do fotômetro

A detecção foi feita com um fotômetro de LED construído no laboratório e o esquema eletrônico do mesmo é mostrado na Figura 2. Quando o software de controle era colocado em operação era solicitada a calibração do fotômetro. Mantendo o LED apagado e a cela de fluxo preenchida com o fluido transportador, o sinal de saída era ajustado para 0 V usando o resistor variável acoplado à entrada não inversora (pino 3) do amplificador operacional. Em seguida o LED era ativado usando o potenciômetro acoplado à base do transistor. A intensidade de emissão do LED era aumentada até obter na saída do fotômetro uma diferença de potencial de 2000 mV. O computador usava esta leitura como referência para calcular as absorbâncias.

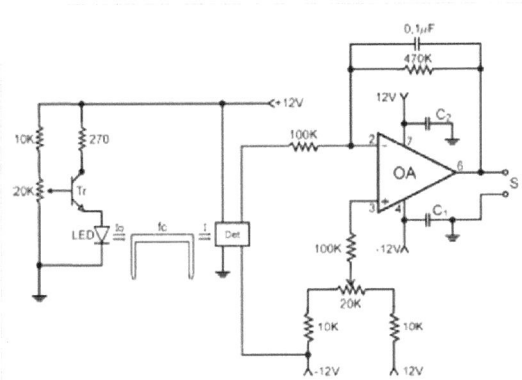

FIGURA 1. Esquema eletrônico do fotômetro. Tr = transistor BD547; LED (azul), λ = 450 nm; t_0 = feixe de radiação emitido pelo LED; t_c = cela de fluxo; t = feixe de radiação saindo da cela de fluxo; Det = fotodetector, IPL 10530 DAL, AO = amplificador operacional OP07; C_1 e C_2 = capacitores de tântalo, 2 μF; Sinal de saída em mV.

2.5. Descrição do módulo de análises e procedimento experimental

O módulo de análise do sistema proposto é mostrado na Figura 1. Nesta configuração o injetor está na posição de amostragem, e a solução transportadora (Ca) passa através do injetor e da válvula V_6 e é direcionada através da bobina de reação (B1) para o detector (Det) e deste para o descarte (Desc).

Quando o programa de controle era colocado em funcionamento, o computador enviava o comando através da interface PCL711S para deslocar o injetor para a posição de amostragem indicada na Figura 1, e as válvulas V_6 e V_1 também eram acionadas. Nesta condição, a solução transportadora fluía através da bobina de reação B_2. A solução da amostra era aspirada através da alça de amostragem (L) e na confluência Y era adicionada a solução do reagente redutor (R_3). Nestas condições, a reação de redução do Se (VI) para Se (IV) tinha início na etapa de amostragem. Após o intervalo de tempo (60 s) estabelecido para encher a alça de amostragem, o injetor era deslocado para a posição de injeção (superfície sombreada) e a solução transportadora deslocava a zona da amostra da alça de amostragem para a bobina de reação B_2. Após o intervalo de tempo (60 s) suficiente para que toda zona da amostra estivesse dentro da bobina de reação, o injetor era comutado para a posição de amostragem, e ao mesmo tempo era desligada a válvula V_1 e ligada a válvula V_2.

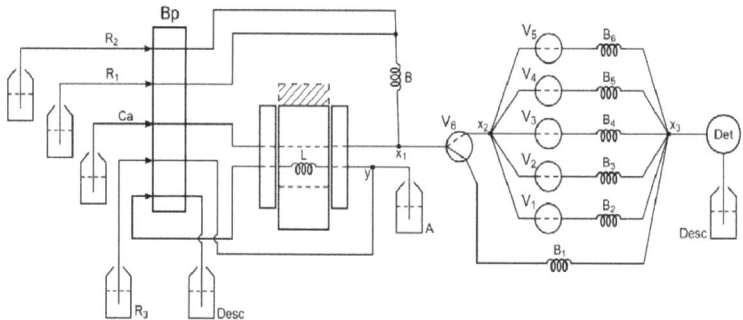

FIGURA 2. Diagrama de fluxo do módulo de análise. A = amostra, vazão 1,0 mL min^{-1}; R_1 = solução de $(NH_4)_2Fe(SO_4)_2.6H_2O$, vazão 0,1 mL min^{-1}; R_2 = solução de EDTA/NaNO$_3$, vazão 0,1 mL min^{-1}; R_3 = solução de NaBH$_4$, vazão 0,1 mL min^{-1}; C_a = fluido transportador, água, vazão 1,0 mL min^{-1}; Desc = descarte de efluente; Bp = bomba peristáltica; L = alça de amostragem, 100 cm de comprimento; B = bobina de reação, 20 cm de comprimento; V_6 = válvula solenóide de 3 vias; V_1, V_2, V_3, V_4, e V_5, = vávulas solenóides de estrangulamento normalmente fechadas, B_1, B_2, B_2, B_3, B_4, B_5, e B_6, = bobinas de reação, 150 cm de comprimento; Det = fotômetro de LED, λ = 450 nm. As 3 barrras retangulares representam o injetor visto de cima e a superfície sombreada corresponde a outra posição de repouso. As linhas tracejadas nos símbolos das válvulas indicam que a solução passa através delas somente quando estiverem ligadas. A alça de amostragem e as bobinas de reação foram feitas com tubo de polietileno com diâmetro de interno 0,8 mm.

Enquanto a alça de amostragem estava sendo novamente preenchida com a mistura de amostra e da solução de boridreto de sódio, a solução transportadora deslocava a zona da amostra da bobina selecionada para o detector. O processo de amostragem e injeção era repetido na mesma seqüência até encher a sexta bobina. Quando a alça de amostragem estava sendo preenchida com a sexta zona de amostra, a válvula V_1 era acionada e a solução transportadora deslocava a primeira zona de amostra para o detector em direção ao descarte e, durante este transporte, era efetuada a aquisição de dados. A sétima zona de amostra, então, era guardada na bobina B_1. Esta seqüência era mantida continuamente até finalizar o trabalho. Cada amostra processada era deslocada para a leitura após o processamento das quatro seguintes, portanto o tempo para desenvolvimento da reação era a soma dos tempos necessários para processar as amostras posteriores àquela considerada.

Inicialmente, as soluções de referência previamente preparadas na faixa de concentração de Se (IV) 0,0 a 2,0 mg L^{-1}, foram processadas mantendo a seqüência descrita no parágrafo anterior. Para verificar do efeito do tempo de residência da amostra no desenvolvimento da reação, foi empregada apenas a bobina B_2. Após deslocar a zona da amostra para essa bobina, o programa executava uma rotina de espera, no qual era programado o tempo de permanência nesta posição. Após completar o tempo programado, a válvula V_6 era acionada e a zona da amostra era deslocada para o fotômetro e o computador fazia a aquisição de dados.

Capítulo 3. RESULTADOS E DISCUSSÃO

Nos itens seguintes são apresentados e discutidos os resultados referentes às seguintes variáveis: volume da alça de amostragem, comprimento da bobina de reação, vazão de bombeamento das soluções, acidez do reagente $(NH_4)_2Fe(SO_4)_2.6H_2O$, solução transportadora, agentes redutores, efeito do meio ácido nas soluções de referência e na reação química, cinética da reação, durabilidade dos reagentes e das soluções de referência, emprego do procedimento proposto em amostras de ração de animais domésticos, efeito dos possíveis interferentes etc.

3.1. Efeito do volume da alça de amostragem

Em sistemas de análises por injeção em fluxo, a magnitude do sinal analítico tende a aumentar com o volume da amostra, portanto este parâmetro foi investigado para encontrar as melhores condições de trabalho, visando obter boa sensibilidade. Tendo em vista que o volume da amostra pode ser variado, aumentando o comprimento da alça de amostragem, este efeito foi avaliado variando o comprimento da alça de amostragem de 5 a 110 cm, portanto o volume da amostra variou de 25 a 550 µL. Estes experimentos foram realizados usando uma solução de referência de selênio com concentração de 1,0 mg L^{-1}. Os resultados são mostrados na Figura 3.

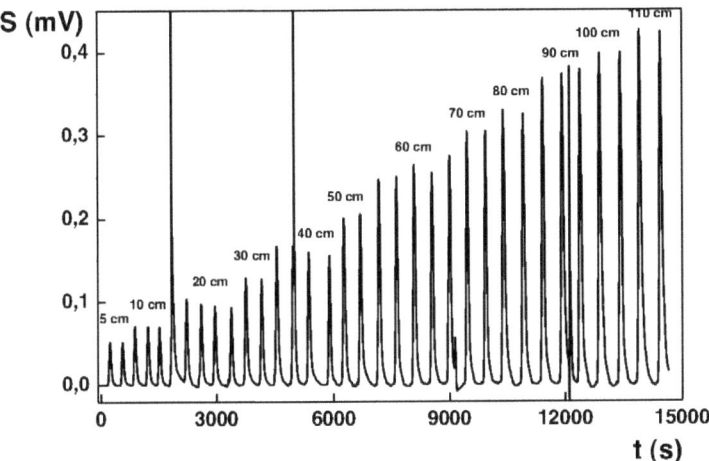

FIGURA 3. Registros obtidos variando o comprimento da alça de amostragem. Condições operacionais: Se (IV) 1,0 mg L^{-1}; reagentes $(NH_4)_2Fe(SO_4)_2.6H_2O$ 0,05 mol L^{-1} (0,025 mol L^{-1} H_2SO_4), EDTA/NaNO$_3$ solução saturada (0,1 mL min^{-1}) e NaBH$_4$ (0,01mol L^{-1}); bobina de reação (B$_2$, Figura 2) 6 m de comprimento; vazão de bombeamento da solução transportadora = 1,0 mL min^{-1}.

O gráfico da Figura 4 mostra que a resposta com o comprimento da alça de amostragem é praticamente linear, indicando que podemos selecionar uma alça de amostragem longa para melhorar a sensibilidade do método. Em vista deste resultado, uma alça de amostragem de 100 cm de comprimento, tendo volume interno de 500 μL, foi selecionada para dar continuidade ao trabalho.

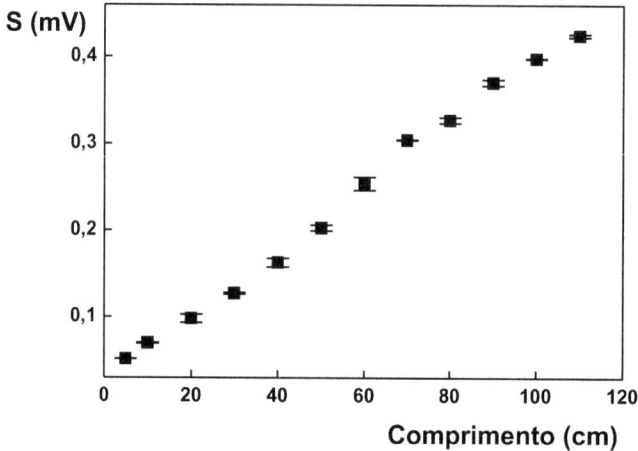

FIGURA 4. Curva referente ao efeito do comprimento da alça de amostragem. Esta curva foi traçada a partir dos valores máximos dos registros da Figura 3.

3.2. Estudo do comprimento da bobina de reação

No estudo do comprimento da bobina de reação foram utilizadas bobinas com comprimento de 1, 3 e 6 m. Neste experimento foram usadas soluções de referência de Se (IV) com concentração de 1,0 mg L^{-1}. As outras condições operacionais foram as mesmas do item anterior. Os resultados obtidos são mostrados na Figura 5. Nestes experimentos, após o deslocamento da amostra para a bobina de reação (B_2), o bombeamento através desta bobina foi interrompido durante 8 min. Neste caso, a válvula V_6 (Figura 2) foi mantida desligada para desviar o fluxo do fluido transportador através de B_1. Os perfis dos registros mostram que o desenvolvimento da reação ainda não tinha alcançado a condição de equilíbrio, quando o bombeamento foi restabelecido.

Observa-se que o registro obtido com a bobina de 6 m é menor que o obtido com a de 3

m. Poderíamos pensar que seria causada pela dispersão da zona da amostra no fluido

transportador. Entretanto, observa-se que o registro obtido com bobina de 3 m é mais

largo do que obtido com a de 6, quando seria esperado efeito oposto. Neste sentido,

acreditamos que inadvertidamente houve um aumento da vazão de bombeamento.

Infelizmente, quando chegamos esta conclusão não havia tempo hábil para repetir o

experimento. A bobina de reação selecionada para os estudos posteriores foi a de 1 m

de comprimento.

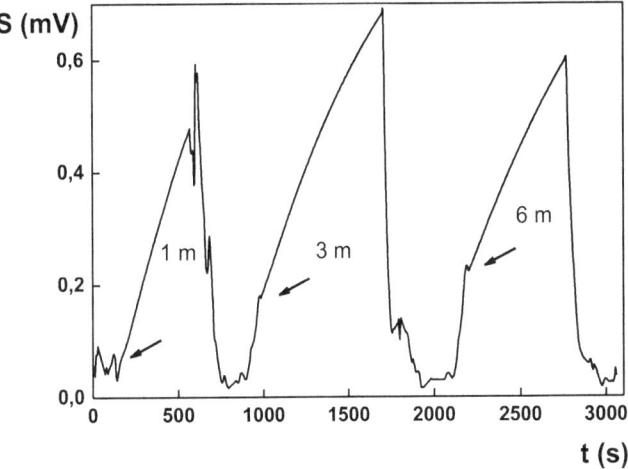

FIGURA 5. Efeito do comprimento da bobina de reação no sinal analítico. Bobinas de comprimentos 1, 3 e 6 metros. Condições: Se (IV) 1,0 mg L^{-1}; reagentes $(NH_4)_2Fe(SO_4)_2.6H_2O$ 0,05 mol L^{-1} (0,025 mol L^{-1} H_2SO_4), EDTA/NaNO$_3$ solução saturada (0,1 mL min^{-1}) e NaBH$_4$ (0,01mol L^{-1}); bobinas de reação de 1, 3 e 6 m.

3.3. Efeito da vazão de bombeamento

O estudo de efeito da vazão de bombeamento do fluido transportador sobre o sinal gerado foi estudado, variando a velocidade de rotação da bomba peristáltica para obter as vazões de 0,3; 1,1; 1,6; 2,1; 2,7; 3,2 e 3,5 mL min^{-1}. Nestes experimentos foi usada uma solução de referência com concentração de Se (IV) de 0,5 mg L^{-1} e os resultados obtidos são mostrados na Figura 6. O aumento da vazão de bombeamento foi obtido aumentando a rotação da bomba peristáltica, e tinha como objetivo manter a razão entre as soluções, pois todos os fluxos eram aumentados na mesma proporção. Desse modo, não haveria alteração na proporção dos reagentes e da amostra.

Observa-se nesta figura que a vazão tem efeito marcante na magnitude do sinal, o que seria esperado, pois o tempo de residência da zona de amostra é uma função inversa da vazão de bombeamento da solução transportadora.

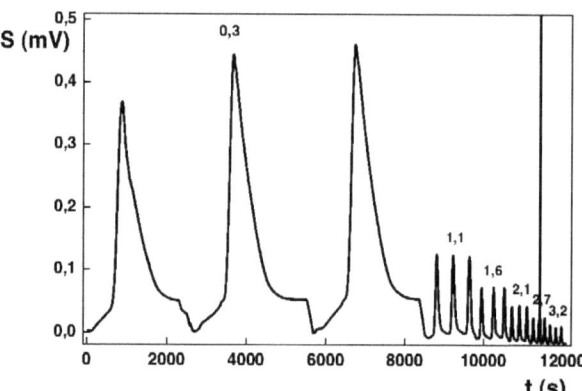

FIGURA 6. Variação da velocidade de rotação da bomba peristáltica. Alça de amostragem de 500 µL; bobina de reação de 6 metros de comprimento. A rotação selecionada para os estudos posteriores foi 1,1 mL min^{-1}.

3.4. Estudo do agente redutor

Conforme comentado na literatura[72] é o Se (IV) quem atua como catalisador da reação. As soluções de referência eram preparadas com Se (IV), entretanto o uso de solução redutora era necessário, tendo em vista que as amostras foram digeridas em meio ácido (nítrico+perclórico), portanto era necessário empregar um agente redutor para garantir que todo o selênio presente fosse convertido para Se (IV). Então, visando encontrar o mais apropriado para o procedimento apresentado, experimentos foram feitos usando soluções de bissulfito de sódio[73] ($NaHSO_3$) e boridreto de sódio ($NaBH_4$).

Foram usadas soluções de referência de Se (IV) com concentrações de 0,0; 0,5; 1,0 e 2,0 mg L^{-1} em meio de $HClO_4$ 0,25 mol L^{-1}. Foram preparados 3 lotes de soluções de referência contendo 0,0; 0,1; e 0,5 mol L^{-1} de $NaHSO_3$. Soluções idênticas foram preparadas contendo 0,0; 0,01; 0,1 e 0,5 mol L^{-1} de $NaBH_4$.

Os resultados da Figura 7 mostram que uso da solução de $NaHSO_3$ teve efeito oposto ao esperado, causando drástica redução do sinal gerado, o que pode ser interpretado como inibição do efeito catalítico do Se (IV).

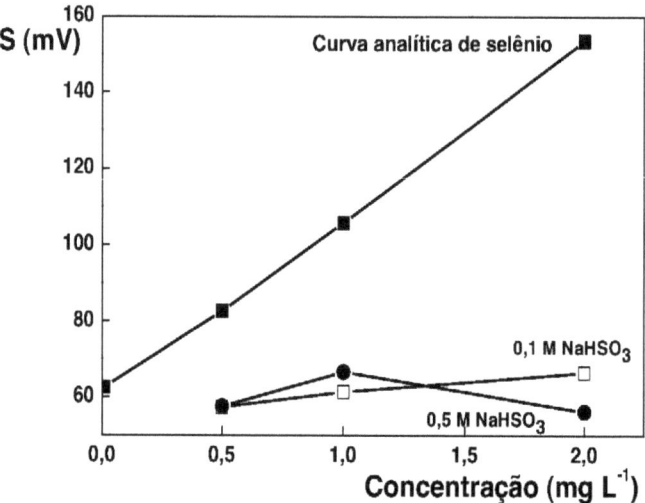

FIGURA 7. Avaliação do efeito do bissulfito de sódio como agente redutor. Alça de amostragem de 500 µL. A curva analítica (—■—) corresponde às soluções de referência sem adição de $NaHSO_3$.

Observa-se na Figura 8 que as curvas são coincidentes, indicando que a presença do boridreto de sódio no meio reacional não inibiu o desenvolvimento da reação, portanto em princípio, este reagente poderia ser utilizado para garantir a redução do Se (VI) para Se (IV).

No diagrama da Figura 9 é mostrada a comparação das amostras digeridas em meio ácido e, em seguida, a mesma amostra na presença do agente redutor. Portanto, a solução do reagente redutor foi adicionada à amostra na etapa de amostragem, preenchendo a alça de amostragem com a mistura das duas soluções. Observa-se que os resultados obtidos não têm serventia do ponto de vista analítico, contudo revelam a influência do agente redutor diretamente na amostra.

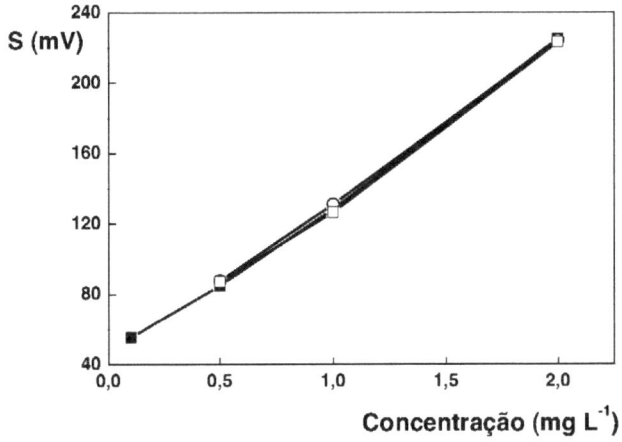

FIGURA 8. Efeito da solução de NaBH₄ adicionada às soluções de referência (—■—) de selênio. Volume da alça de amostragem 500 µL.

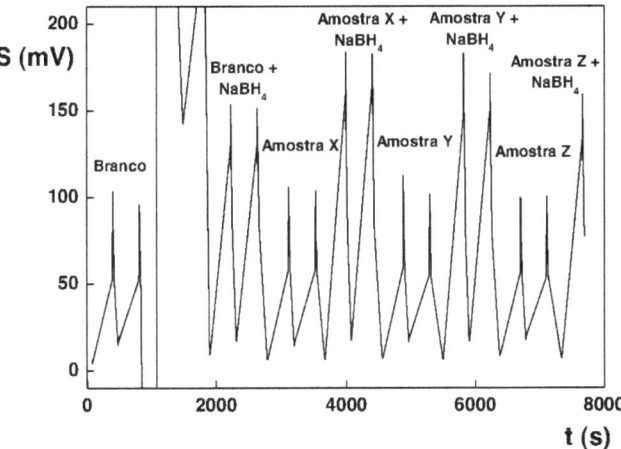

FIGURA 9. Registros referentes ao processamento de amostras digeridas em meio ácido. Nos parâmetros operacionais foram mantidos os mesmos das figuras anteriores. Sequencialmente, os dados mostram o efeito da presença do agente redutor na amostra.

Na figura 10, o aspecto do sinal analítico é apresentado na amostra de ração de animais e, na mesma amostra, o sinal contendo a adição de analito em concentração conhecida para avaliação da sua recuperação pelo método das adições de padrão. Observa-se que os registros apresentam perfis de formato aceitável, entretanto não se observa diferença significativa entre a amostra e a amostra contendo uma concentração conhecida de selênio quando não há presença do NaBH$_4$ como agente redutor.

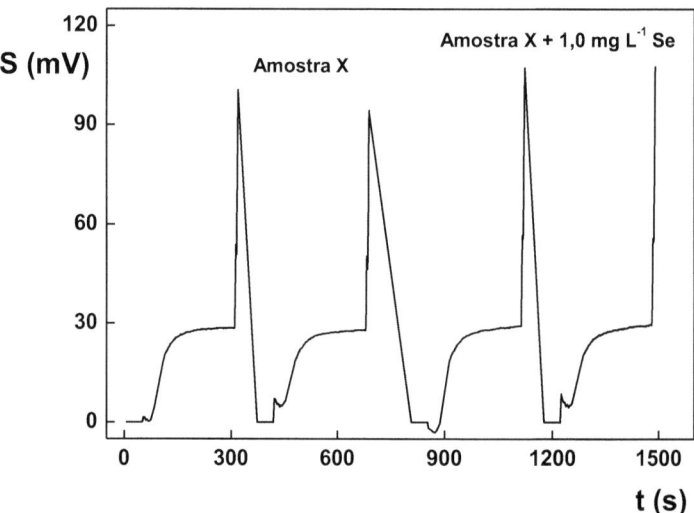

FIGURA 10. Registros referentes ao processamento de amostra de ração para animais digerida em meio nítrico/perclórico, sem a presença de agente redutor. Os parâmetros operacionais foram mantidos os mesmos das figuras anteriores.

3.5. Estudo da acidez do reagente

A reação ocorre em meio ácido e inicialmente a solução de $(NH_4)_2Fe(SO_4)_2.6H_2O$ era preparada em ácido sulfúrico. Tendo em vista que as amostras eram digeridas em meio de ácido nítrico e ácido perclórico, foram executados experimentos utilizando soluções de $(NH_4)_2Fe(SO_4)_2.6H_2O$ preparadas em ácido sulfúrico, ácido nítrico e ácido perclórico. Os registros mostrados na Figura 11 indicam que a natureza da acidez do meio não teve influência significativa no desenvolvimento da reação. Com este resultado, foi mantido o preparo do reagente $(NH_4)_2Fe(SO_4)_2.6H_2O$ em ácido sulfúrico, conforme indicado em literatura.

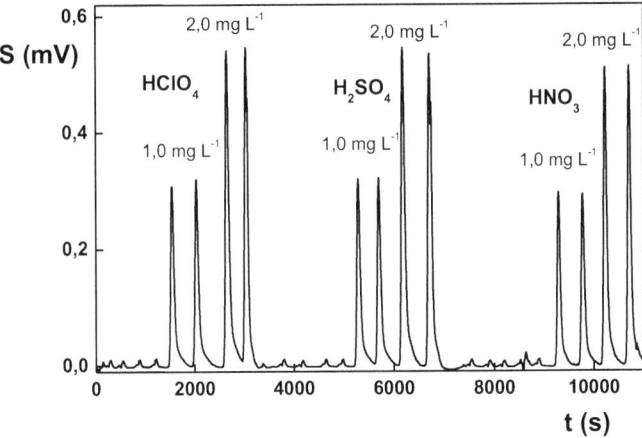

FIGURA 11. Efeito da natureza da acidez da solução de $(NH_4)_2Fe(SO_4)_3.6H_2O$. Os parâmetros operacionais foram mantidos os mesmos das figuras anteriores.

3.6. Efeito da solução transportadora

Considerando que as amostras estavam em meio ácido ($\approx 0,25$ mol L^{-1} HClO$_4$) foi verificada a possibilidade de empregar como solução transportadora um fluido inerte em relação ao meio reacional. Então, foram comparados água, HNO$_3$ e solução de NaCl 3% (m/v) como transportadores da reação.

As curvas da Figura 12 mostram os resultados obtidos usando H$_2$O e NaCl como fluidos transportadores. Observa-se que a curva contendo H$_2$O como transportador apresenta uma leitura do branco de menor valor e um maior coeficiente angular. Considerando que os erros das medidas sejam da mesma ordem, o uso de água como transportador poderia permitir a obtenção de melhor limite de detecção e uma faixa de resposta linear mais ampla, além de favorecer a limpeza do percurso analítico.

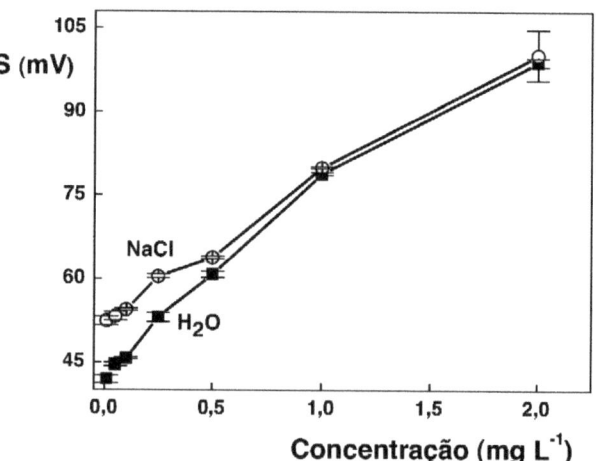

FIGURA 12. Efeito do fluido transportador: H$_2$O (—■—) e NaCl (—○—). Condições: Se(IV) 0,0; 0,05; 0,1; 0,25; 0,5; 1,0 e 2,0 mg L^{-1}; reagentes (NH$_4$)$_2$Fe(SO$_4$)$_2$.6H$_2$O 0,05 mol L^{-1} (0,025 mol L^{-1} H$_2$SO$_4$), EDTA/NaNO$_3$ solução saturada; loop de amostragem 500 μL.

Uma solução de HNO_3 0,014 mol L^{-1} também foi utilizada como fluido transportador e os resultados são mostrados na Figura 13.

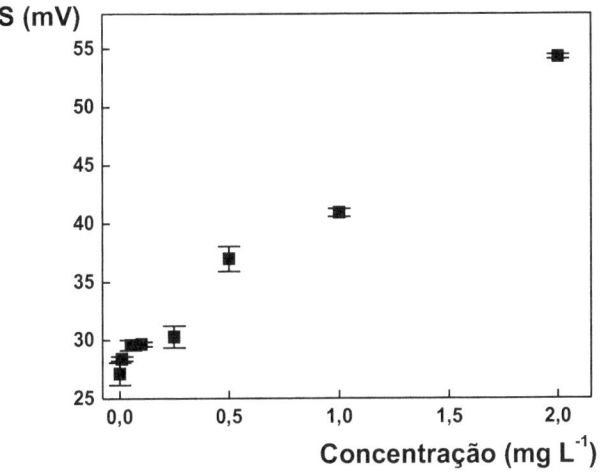

FIGURA 13. Curva analítica de calibração contendo HNO_3 0,014 mol L^{-1} como transportador. Os parâmetros operacionais foram mantidos os mesmos das figuras anteriores.

Na figura 14 foram comparados os resultados usando HNO_3 0,014 mol L^{-1}, NaCl 3% e água como transportadores.

Observa-se que o sinal do branco referente ao uso da solução de ácido nítrico como transportador é menor, mas a curva analítica obtida com o uso da água tem coeficiente angular maior.

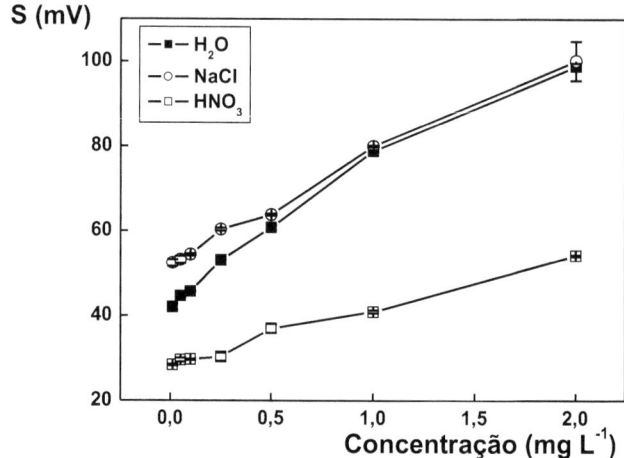

FIGURA 14. Comparação das curvas analíticas obtidas usando como fluido transportador soluções de HNO_3 0,014 mol L^{-1}, NaCl 3% e água. Os parâmetros operacionais foram mantidos os mesmos das figuras anteriores.

Na figura 15 é apresentada uma curva analítica usando água como transportador. Neste sentido, a boa linearidade e repetibilidade dos sinais analíticos mostram que esse meio transportador corresponde ao mais indicado.

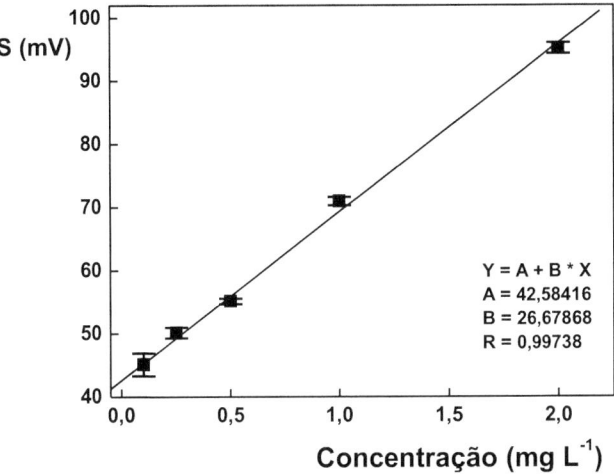

FIGURA 15. Curva analítica obtida usando água como fluido transportador. Os dados para esta curva foram obtidos processando as soluções de referência nas mesmas condições da figura anterior.

A curva da Figura 15 mostra que usando água com fluido transportador obteve-se resposta linear na faixa de concentração de 0,01 a 2,0 mg L^{-1}. Então, a água foi selecionada como fluido transportador para dar continuidade aos trabalhos.

3.7. Estudo da cinética de reação

Neste estudo após a inserção da amostra na bobina de reação B_2, a bomba peristáltica foi desligada para minimizar o consumo de reagentes, e a evolução do desenvolvimento da reação foi acompanhada lendo o sinal gerado pelo fotômetro.

Observa-se que o sinal tende a um valor constante depois de um intervalo de tempo de 1000 s. Portanto, para se obter o máximo de sensibilidade, o módulo de análise deve ser arranjado para que a zona da amostra tenha um tempo de residência próximo desta ordem.

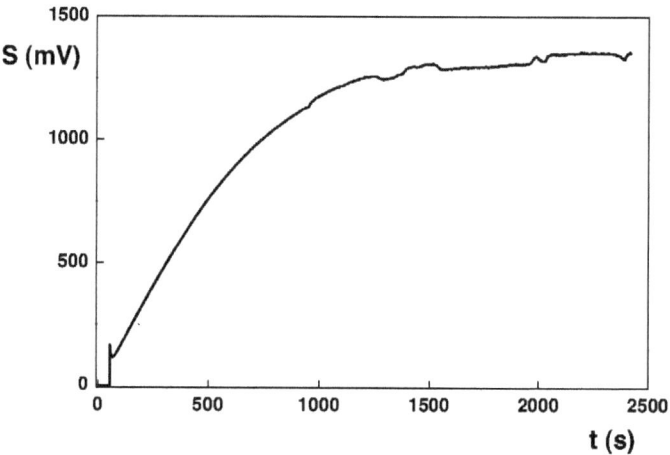

FIGURA 16. Estudo da cinética da reação. Volume da alça de amostragem de 500 μL.

3.8. Tempo de durabilidade do reagente

O tempo de vida útil da solução de $(NH_4)_2Fe(SO_4)_2.6H_2O$ foi investigado comparando os resultados obtidos com as soluções de referência de Se (IV) utilizando o reagente $(NH_4)_2Fe(SO_4)_2.6H_2O$ preparado no mesmo dia e 10 dias após. As curvas da Figura 17 mostram que há uma perda de linearidade para a faixa de concentração até 2,0 mg L^{-1}, entretanto a faixa até 1,0 mg L^{-1} poderia ser utilizada sem prejuízo quanto ao limite de detecção.

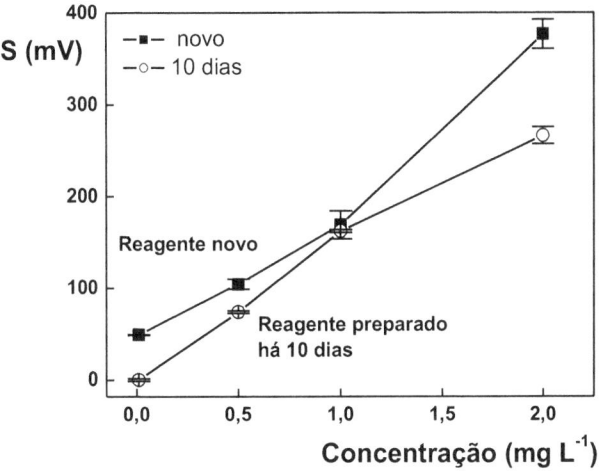

FIGURA 17. Efeito do tempo sobre a vida útil da solução de reagente $(NH_4)_2Fe(SO_4)_2.6H_2O$.

3.9. Estudo do tempo de vida útil das soluções de referência

O estudo foi realizado utilizando soluções de referência de Se (IV) com concentrações de 0,0; 0,01; 0,05; 0,1; 0,25; 0,5; 1,0 e 2,0 mg L^{-1} preparadas em meio de $HClO_4$ 0,25 mol L^{-1}, processadas no mesmo dia e, novamente em dias sucessivos.

44

Observa-se que em um intervalo de tempo de 4 dias houve um decréscimo de sinal da ordem de 60%.

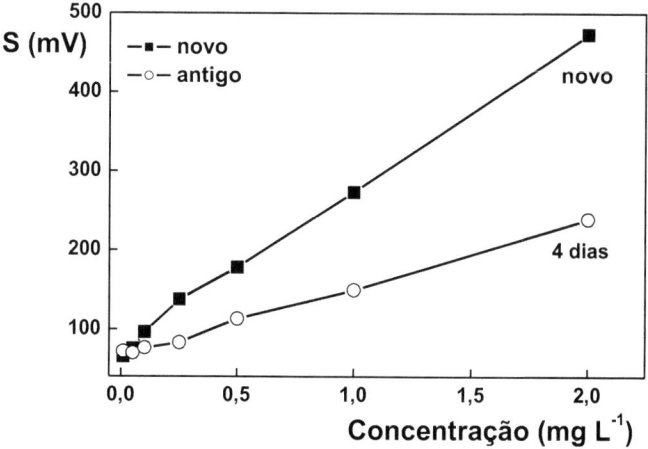

FIGURA 18. Efeito do tempo sobre as soluções de referência. A curva atual apresenta os resultados obtidos com as soluções de referência preparadas no dia e, após 4 dias, as mesmas soluções de referência foram observadas.

3.10. Avaliação do emprego de várias bobinas de reação

O módulo de análise mostrado na Figura 2 apresentava 6 bobinas de reação. Os resultados discutidos até o presente foram obtidos usando a primeira bobina. O sistema com 6 bobinas foi desenvolvido tendo como objetivo manter um tempo longo para o desenvolvimento da reação e, ainda assim, aumentar a frequência de amostragem. Quando o software de controle e aquisição de dados era programado para usar as 5 bobinas de reação, as zonas de amostra eram guardadas seqüencialmente da bobina B_2 até a bobina B_6. Quando a alça de amostragem estava sendo preenchida com a sexta amostra, as válvulas V_6 e V_1 eram acionadas para deslocar a zona da amostra para o detector. A sexta amostra era colocada nesta bobina. O procedimento era repetido para as outras bobinas de reação. Nesta configuração, cada zona de amostra permanecia em repouso 5 min no interior da respectiva bobina de reação.

Na figura 19 são mostrados os registros obtidos processando um conjunto de soluções de referência e três amostras. Observa-se que os registros apresentam perfis bastante homogêneos, boa estabilidade da linha de base e boa repetibilidade. Estes resultados indicam a viabilidade do emprego deste recurso.

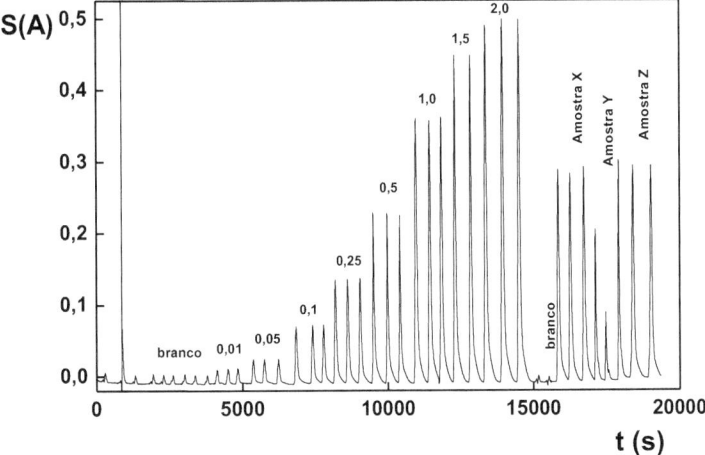

FIGURA 19. Curva analítica obtida empregando 5 bobinas de reação. Os parâmetros utilizados foram os mesmos das figuras anteriores.

A partir dos registros da Figura 19 deduz-se que 20 determinações foram realizadas em 19 min, portanto o sistema proposto permite alcançar uma freqüência de amostragem de 60 determinações por hora.

Tomando-se como medida o valor máximo dos registros da Figura 19, obtiveram-se os parâmetros de regressão linear: intersecção, A = 0,01868; coeficiente angular, B = 0,2824; coeficiente de regressão linear, R = 0,9958. Considerando 3 vezes o desvio padrão do branco (0,0013 para n = 8) divido pelo coeficiente angular da curva analítica, o limite de detecção estimado é 0,01 mg L^{-1}.

3.11. Efeito das espécies concomitantes

O estudo seguinte envolveu o comportamento dos possíveis interferentes presentes na amostra. Observou-se que os rótulos das embalagens das amostras de rações usadas indicavam a presença dos seguintes elementos: sódio, ferro, cobre, cobalto, cádmio, manganês, zinco, iodo e potássio, entre outros. Assim, os estudos com os possíveis interferentes foram realizados utilizando como referência uma solução Se(IV) 1,0 mg L^{-1} em $HClO_4$ 0,25 M. Foram preparadas soluções de referência contendo os possíveis interferentes Na, K, Ca, P, Mn, Mg, Fe, Zn, I e Cu nas concentrações 10, 100, 1000 mg L^{-1}. O pH das soluções foi ajustado para pH 7, usando uma solução de hidróxido de sódio 2,0 mol L^{-1}. Imediatamente após o ajuste do pH algumas soluções apresentaram turvação e precipitação, então foram filtradas.

Na tabela 1 são mostrados os resultados obtidos processando essas soluções.

TABELA 1: Resultados obtidos com os interferentes.

Elemento	Concentração adicionada (mg L^{-1})	Referência Se (IV) (mg L^{-1})	[Se] (mg L^{-1})	Diferença ([Se] – referência)	Porcentagem (%)
Se	0	1,0	0, 342	0	0
Na	10	1,0	0,345	0,00	0
Na	100	1,0	0,358	0,02	2
Na	1000	1,0	0,379	0,04	4
K	10	1,0	0,361	0,02	2
K	100	1,0	0,374	0,03	3
K	1000	1,0	0,355	0,01	1
Ca	10	1,0	0,343	0,00	0
Ca	100	1,0	0,339	0,00	0
Ca	1000	1,0	0,308	(0,03)	(3)
P	10	1,0	0,353	0,01	1
P	100	1,0	0,366	0,02	2
P	1000	1,0	0,246	(0,10)	(10)
Mg	10	1,0	0,356	0,01	1
Mg	100	1,0	0,362	0,02	2
Mg	1000	1,0	0,363	0,02	2
Cu	1	1,0	0,356	0,01	1
Cu	10	1,0	0,181	(0,16)	(16)
Cu	100	1,0	0,039	(0,30)	(30)
Cu	1000	1,0	0,012	(0,33)	(33)
Mn	10	1,0	0,367	0,03	3
Mn	100	1,0	0,013	(0,33)	(33)
Mn	1000	1,0	0,036	(0,31)	(31)
I	10	1,0	0,275	(0,07)	(7)
I	100	1,0	0,202	(0,14)	(14)
I	1000	1,0	0,862	0,52	52
Fe	10	1,0	0,317	(0,02)	(2)
Fe	100	1,0	0,024	(0,32)	(32)
Fe	1000	1,0	0,025	(0,32)	(32)
Zn	10	1,0	0,327	(0,01)	(1)
Zn	100	1,0	0,080	(0,26)	(26)

Os valores de porcentagem entre parênteses referem-se aos valores negativos em relação à concentração da solução de referência. Cada resultado é a média de três replicatas.

Os dados da Tabela 1 mostram que para a maioria dos elementos estudados, o procedimento proposto tolera concentrações no mínimo até 10 mg L^{-1}, exceto iodo, tomando como critério de aceitabilidade interferência em torno de 5%.

3.12. Aplicação em amostras de ração de animais

Visando atestar a utilidade do procedimento proposto, um conjunto de amostras de ração mineralizadas em meio ácido foram processadas. Para verificar a exatidão também foi aplicado teste de adição e recuperação. Os dados obtidos são mostrados na Tabela 2. Na Figura 20 é mostrada a curva de regressão linear referente à obtida a partir dos dados coletados no processamento das soluções referência. As concentrações de selênio nas amostras foram obtidas por interpolação dos valores máximos dos respectivos sinais na curva analítica obtida através da regressão linear, a qual apresentou os seguintes parâmetros: intersecção, A = 0,0113; coeficiente angular, B = 0,2989; coeficiente de regressão linear, R = 0,9984; desvio padrão do branco (n = 8), σ = 0,0013. O limite de detecção do procedimento foi estimado considerando o critério (3 σ) três vezes o desvio padrão do branco dividido pelo coeficiente angular; o

valor encontrado foi 0,004 mg L^{-1}.

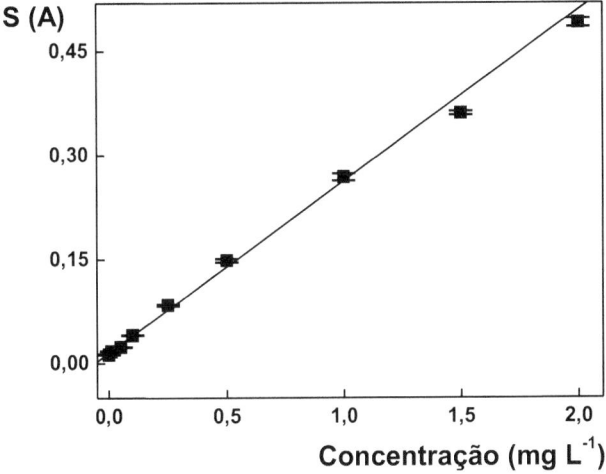

FIGURA 20. Curva analítica referente às soluções de referência usadas para a determinação de selênio nas amostras.

TABELA 2. Resultados referente determinação de Selênio em digeridos de ração para animais.

Amostras	Valor encontrado (mg/Kg)	Quantidade adicionada (mg)	Valor recuperado (mg/Kg)	Recuperação (%)
A	nd*	100,0	96,7±6,6	97%
B	nd*	100,0	109,0±0,3	109%
C	0,9±0,1	100,0	104,6±0,1	103%
D	5,3±0,2	100,0	104,2±0,4	99%
E	nd*	100,0	100,3± 0,3	101 %
F	3,0±0,2	100,0	105,6 ± 0,5	103%
G	nd*	100,0	106,6±0,2	106%
H	nd*	100,0	94,6±0,4	95%

* nd = não detectado. Os resultados correspondem à média de 3 replicatas.

Observa-se na Tabela 2 que a recuperação situa-se na faixa de 95 a 109%, que pode ser considerada muito boa. Estes dados indicam que o sistema proposto é adequado para determinação de selênio em amostras digeridas em meio constituído pelos ácidos nítrico e perclórico.

Capítulo 4. CONCLUSÕES

De acordo com os resultados obtidos, pode-se concluir que o método proposto demonstra ser adequado e muito eficiente para a determinação de selênio em rações para animais domésticos. O uso da Análise por Injeção em Fluxo agrega a esta proposta elementos de grande importância para monitoramento e controle de qualidade na indústria de alimentos. Neste sentido, parâmetros como freqüência analítica são favorecidos. Ainda, o baixo consumo de soluções empregadas mostrou ser um fator relevante nessa proposta, conforme discutido anteriormente.

A estabilidade e robustez do sistema são pontos de destaque podendo-se operar o sistema durante horas sem perdas significativas na magnitude do sinal analítico, monitorado através de soluções de referência.

O sistema foi concebido para ser de baixo custo, portanto, o uso de fotômetros dedicados é um ponto relevante onde se ressalta a sensibilidade e estabilidade dos sinais elétricos gerados.

Neste sentido, o método é recomendado para aplicações em análises de rotina de laboratórios uma vez que a presença de selênio nas rações de animais é altamente necessária na faixa de concentração limitante para que não sejam prejudicados com a sua falta ou excesso quando alimentados apenas pelas rações a eles oferecidas.

REFERÊNCIAS BIBLIOGRÁFICAS

1. SMITH, P. J.; TAPPEL, A. L.; CHOW, C. K. Glutathione peroxidase activity as a function of dietary selenomethionine. **Nature,** v. 247, p. 392-393, 1974.

2. REKHA, D.; SUBARDHAN, K.; KUMAR, K.S.; NAIDU, G.R.K.; CHIRANJEEVI, P. Spectrophotometric determination of traces of selenium (IV) in various environmental samples using the Flow-Injection Tchnique (FIT). **Journal of Analytical Chemistry,** v.61, p. 1177-1182, 2006.

3. OLIVEIRA, K. D.; FRANÇA, T. N.; NOGUEIRA, V. A.; PEIXOTO, P. V. Enfermidades associadas à intoxicação por selênio em animais. **Pesquisa Veterinária Brasileira,** v. 27, p. 125-136, 2007.

4. SMITH, P. J.; TAPPEL, A. L.; CHOW, C. K. Glutathione peroxidase activity as a functions of dietary selenomethionine. **Nature,** v. 247, p. 392-393, 1974.

5. SCHWARZ, K.; FOLTZ, C.M. Selenium as an integral part of factor 3 against dietary necrotic liver degeneration. **Journal of American Chemical Society,** v. 79, p. 3292–3293, 1957.

6. GEORGIEVSKII, V. I. **Mineral Nutrition of animals.** London: Butterworths, 1981. 322 p.

7.USEPA (United States Environmental Protection Agency. http://water.epa.gov/scitech/swguidance/standards/criteria/aqlife/selenium/upload/seleni umdraft2014.pdf. **Acessado em 09 de abril de 2015.**

8. KUMAR, K.S.; SUVARDHAN, K; KAANG, S.H. Facile and sensitive determination of selenium (IV) in pharmaceutical formulations by flow injection spectrophotometry. **Journal of Pharmaceutical Sciences,** v. 97, p. 1927-1933, 2008.

9. SHIUNDO, P. M.; WADE, A. P. Development of catalytic photometric flow injection methods for the determination of selenium. **Analytical Chemistry,** v. 63, p. 692-699, 1991.

10. COELHO, N.M.M.; BACCAN, N. Determinação de ultratraços de selênio em urina por geração de hidretos e espectrometria de absorção atômica em fluxo. **Eclética Química**, v. 29, p. 7-14, 2004.

11. Conselho Nacional do Meio Ambiente – Resolução CONAMA 357/2005. http://www.mma.gov.br/port/conama/legiabre.cfm?codlegi=459. **Acessado em 09 de abril de 2015**.

12. SANTOS, S.; UNGUREANU, G.; BOAVENTURA, R.; BOTELHO, C. Selenium contaminated waters: An overview of analytical methods, treatment options and recent advances in sorption methods – Review. **Science of The Total Environment**, v. 521-522, p. 264-260, 2015.

13. AOYAMA, E.; KOBAYASHI, N.; SHIBATA, M.; NAKAGAWA, T. Determination of selenium by flow injection analysis based on the selenium (IV) - catalyzed reduction of 3-(4,5-dimethyl-2-thiazolyl)-2,5-diphenyl-2H tetrazolium bromide. **Analytical Sciences**, v. 7, p. 103-108, 1991.

14. TYSON, J.F.; PALMER, C.D. Simultaneous detection of selenium by atomic fluorescence and sulfur by molecular emission by flow-injection hydride generation with on-line reduction for the determination of selenate, sulfate and sulfite. **Analytica Chimica Acta**, v. 652 (1-2), p. 251-258, 2009.

15. MARCUCCI, K.; ZAMBONI, R.; D´ULIVO, A. Studies in hydride generation atomic fluorescence determination of selenium and tellurium. **Spectrochimica Acta Parte B: espectroscopia atômica**, v. 56 (4), p. 393-407, 2001.

16. WELZ, B. **Atomic absorption spectroscopy**. Weinheim; New York: Verlag Chemie, 1976. 276 p.

17. ZHANG, L.; MORITA, Y.; SAKURAGAWA, A.; ISOZAKI, A. Inorganic speciation of As(III, V), Se(IV, VI) and Sb(III, V) in natural water with GF-AAS using solid phase extraction technology. **Talanta**, v. 72, p. 723-729, 2007.

18. NIXON, D.E.; MOYER, T.P.; BURRITT, M. The determination of selenium in serum and urine by inductively coupled plasma mass spectrometry: comparison with Zeeman graphite furnace atomic absorption spectrometry. **Spectrochimica Acta Part B: Atomic Spectroscopy**, v. 54 (6), p. 931-942, 1999.

19. DELVES, H. T.; SIENIAWSKA, C.E. Simple Method for the Accurate Determination of Selenium in Serum by Using Inductively Coupled Plasma Mass Spectrometry. **Journal of Analytical Atomic Spectrometry**, v. 12, p. 387-389, 1997.

20. HSIEH, Y.; JIANG, S. Determination of selenium compounds in food supplements using reversed-phase liquid chromatography–inductively coupled plasma mass spectrometry. **Microchemical Journal**, v. 110, p. 1-7, 2013.

21. STRIPEIKIS, J.; TUDINO, M.; TROCCOLI, O.; WUILLOUD, R.; OLSINA, R.; MARTINEZ, L. On-line copper and iron removal and selenium(VI) pre-reduction for the determination of total selenium by flow-injection hydride generation-inductively coupled plasma optical emission spectrometry. **Spectrochimica Acta Part B: Atomic Spectroscopy**, v. 56 (1), p. 93-100, 2001.

22. YAMAMOTO, M.; YASUDA, M.; YAMAMOTO, Y. Hydride-Generation Atomic Absorption Spectrometry Coupled with Flow Injection Analysis. **Analytical Chemistry**, v. 57, p. 1382-1385, 1985.

23. ESCUDERO, L.A.; PACHECO, P.H.; GASQUEZ, J.A.; SALONIA, J.A. Development of a FI-HG-ICP-OES solid phase preconcentration system for inorganic selenium speciation in Argentinean beverages. **Food Chemistry**, v. 169, p. 73-79, 2015.

24. CHEN, S.; ZHU, S.; LU, D. Solidified floating organic drop microextraction for speciation of selenium and its distribution in selenium-rich tea leaves and tea infusion by electrothermal vapourisation inductively coupled plasma mass spectrometry. **Food Chemistry**, v. 169, p. 156-161, 2015.

25. AOYAMA, E.; AKAMATSU, K.; NAKAGAWA, T.; HISASHI, T. Flow injection analysis with on-line preconcentration of trace selenium. **Analytical Science**, v. 7, p. 617- 621, 1991.

26. GÜLER, N.; MADEN, M.; BAKIRDERE, S.; ATAMAN, O.Y.; VOLKAN, M. Speciation of selenium in vitamin tablets using spectrofluorometry following cloud point extraction. **Food Chemistry**, v. 129, p. 1793-1799, 2011.

27. PETTINE, M.; MCDONALD, T.; SOHN, M.; ANQUANDAH, G.A.K.; ZBORIL, R.; SHARMA, V.K. A critical review of selenium analysis in natural water samples. **Trends in Environmental Analytical Chemistry**, v. 5, p. 1-7, 2015.

28. MEASURES, C.I.; BURTON, J.D. Gas chromatographic method for the determination of selenite and total selenium in sea water. **Analytica Chimica Acta**, v. 120, p. 177-186, 1980.

29. BRYSZEWSKA, M.A.; MAGÉ, A. Determination of selenium and its compounds in marine organisms. **Journal of Trace Elements in Medicine and Biology**, v. 29, p. 91-98, 2015.

30. AFKHAMI, A.; SAFAVI, A.; MASSOUMI, A. Spectrophotometric determination of trace amounts of selenium with catalytic reduction of bromate by hydrazine in hydrocloric acid media. **Talanta**, v. 39, p. 993-996, 1992.

31. ALEIXO, P.C.; NÓBREGA, J.A.; SANTOS JUNIOR, D.; MULLER, R.C.S.; Determinação direta de selênio em água de coco e em leite de coco utilizando espectrometria de absorção atômica com atomização eletrotérmica em forno de grafite. **Química Nova**, v. 23(3), p. 310-312, 2000.

32. BIDARI, A.; JAHROMI, E. Z.; ASSADI, Y HOSSEINI, M. R. M. Monitoring of selenium in water samples using dispersive liquid-liquid microextraction followed by iridium-modified tube graphite furnace atomic absorption spectrometry. **Microchemical Journal,** v. 87, p. 6-12, 2007.

33. HERRERO LATORRE, C.; GARCÍA, J.B.; MARTÍN, S.G.; CRECENTE, R.M.P. Solid phase extraction for the speciation and preconcentration of inorganic selenium in water samples: A review. **Analytica Chimica Acta**, v. 804, p. 37-49, 2013.

34. SAYGI, K. O.; MELEK, E.; TUZEN, M,; SOYLAK, M. Speciation of selenium(IV) and selenium(VI) in environmental samples by the combination of graphite furnace atomic

absorption spectrometric determination and solid phase extraction on Diaion HP-2MG. **Talanta,** v. 71, p. 1375-1381, 2007.

35. TUZEN, M.; SAYGI, K. O.; SOYLAK, M. Separation and speciation of selenium in food and water samples by the combination of magnesium hydroxide coprecipitation-graphite furnace atomic absorption spectrometric determination. **Talanta,** v. 71, p. 424-429, 2007.

36. YAN, L,; DENG, B.; SHEN, C.; LONG, C.; DENG, Q.; TAO, C. Selenium speciation using capillary electrophoresis coupled with modified electrothermal atomic absorption spectrometry after selective extraction with 5-sulfosalicylic acid functionalized magnetic nanoparticles. **Journal of Chromatography A**, *in press*, doi: 10.1016 / j.chroma.2015.03.061.

37. ULUSOY, H.I.; YILMAZ, Ö.; GÜRKAN, R. A micellar improved method for trace levels selenium quantification in food samples, alcoholic and nonalcoholic beverages through CPE/FAAS. **Food Chemistry**, v. 139, p. 1008-1014, 2013.

38. SILVA, F. A.; NEVES, R. C. F.; QUINTERO-PINTO, L.G.; PADILHA, C. C. F.; JORGE, S. M. A.; BARROS, M. M.; PEZZATO, L. E.; PADILHA, P. M. Determination of selenium by GFAAS in slurries of fish feces to estimate the bioavailability of this micronutrient in feed used in pisciculture. **Chemosphere,** v. 68, p. 1542-1547, 2007.

39. GOKMEN, I. G.; ABDELQADER, E. Determination of selenium in biological matrices using a kinetic catalytic method. **Analyst**, v. 119, p. 703-708, 1994.

40. FEIGL, F.; WEST, P. W. Test for selenium based on catalytic effect. **Analytical Chemistry**, v. 19, p. 351-353, 1947.

41. WEST, P. W.; RAMAKRISHNA, T. V. A catalytic method for determining traces of selenium. **Analytical Chemistry**, v. 40, p. 966-968, 1968.

42. BERNAL, J.L.; DEL NOZAL, M.J.; DEBAN, L.; GOMEZ, F.J.; URIA, O.; ESTELA, J.M.; CERDÀ, V. Modification of the methylene blue method for spectrophotometric selenium determination. **Talanta**, v. 37 (9), p. 931-936, 1990.

43.   SAFAVI, A.; AFKHAMI, A.; MASSOUMI, A. Spectrophotometric catalytic determination of ultra trace amounts of selenium based on the reduction of resazurin by sulphide. **Analytica Chimica Acta**, v. 232, p. 351-356, 1990.

44. SAFAVI, A.; MIRZAEE, M. Spectrofotometric Kinetic determination of Selenium(IV) by flow injection analysis in cationic micellar medium. **Talanta**, v. 51, p. 225-230, 2000.

45. SANCHEZ-PEDREÑO, C.; ALBERO, M. I.; GARCIA, M. S.; SAEZ, A. Kinetic determination of selenium, based on inhibition of the Pd(II)-catalysed reaction between pyronine G and hypophosphite. **Talanta**, v. 38, p. 677-681, 1991.

46. KAWASHIMA, T.; NAKANO, S. Flow-injection analysis of trace elements by use of catalytic reactions. **Analytica Chimica Acta,** v. 261, p. 167-182, 1992.

47. MOUSAVI, M. F.; GHIASVAND, A. R.; JAHANSHAHI, A. R. Flow injection spectrophotometric determination of traces amounts of selenium. **Talanta**, v. 46, p. 1011-1017, 1998.

48. SHIUNDO, P. M.; WADE, A. P. Development of catalytic photometric flow injection methods for the determination of selenium. **Analytical Chemistry**, v. 63, p. 692-699, 1991.

49. NARAYAMA, B.; MATHEW, M.; BHAT, N. G.; SREEKUMAR, N. V. Spectrophotometric determination of selenium using potassium iodide and starch as reagents. **Microchimica Acta,** v. 141, p. 175-178, 2003.

50. GURKAN, R.; AKCAY, M. Kinetic spectrophotometric determination of trace amounts of selenium based on the catalytic reduction of maxilon blue-SG by sulfide. **Microchemical Jounal**, v. 75, p. 39-49, 2003.

51. KHAJEHSHARIFI, H.; MOUSAVI, M. F.; GHASEMI, J.; SHAMSIPUR, M. Kinetic spectrophotometric method for simultaneous determination of selenium and tellurium using partial least squares calibration. **Analytica Chimica Acta**, v. 512, p. 369-373, 2004.

52. REVANASIDDAPPA, H. D.; DAYANANDA, B. P. A new reagent system for the highly sensitive spectrophotometric determination of selenium. **Central European Journal of Chemistry,** v.04,p. 592-603, 2006.

53. SUVARDHAN, K.; KUMAR, K. S.; REKHA, D.; KIRAN, K.; NAIDU, G. K. M.; CHIRANJEEVI, P. Selenium determination in various vegetable samples by spectrophotometry. **Food chemistry,** v. 103, p. 1044-1048, 2007.

54. KAILASA, S.; SUVARDHAN, K.; KANG, S.H. Facile and sensitive determination of selenium (IV) in pharmaceutical formulations by flow injection spectrophotometry. **Journal of Pharmaceutical Sciences,** v. 5, p.1927-1933, 2008.

55. CHAND, V.; PRASAD, S. Trace determination and chemical speciation of selenium in environmental water samples using catalytic kinetic spectrophotometric method. **Journal of Hazardous Materials,** v. 165 (1-3), p. 780-788, 2009.

56. MOTTOLA, H. A. **Kinetic aspects of Analytical Chemistry.** New York: John Wiley, 1988.

57. RUZICKA, J.; HANSEN, E. H. **Flow injection analysis.** New York: John Wiley, 1988. 498 p.

58. VALCÁRCEL, M.; LUQUE DE CASTRO, M. D. **Flow-injection analysis:** principles and applications. Nem York: Halsted Press, 1984. 400 p.

59. KARLBERG, B.; PACEY, G. E. **Flow injection analysis:** A practical guide. New York: Elsevier, 1989. 372 p.

60. MUZEMBO, B.A.; DEGUCHI, Y.; NGATU, N.R.; EITOKU, M.; HIROTA, R.; SUGANUMA, N. Selenium and exposure to fibrogenic mineral dust: A mini-review. **Environment International,** v. 77, p. 16-24, 2015.

61. KRONKA, E.A.M.; REIS, B.F.; VIEIRA, J.A.V.; BLANCO, T.; GERVASIO, A.P.G. Multicomutação e amostragem binária em análise química em fluxo. Determinação espectrofotométrica de ortofosfato em águas naturais. **Química Nova,** São Paulo, v. 20, n. 4, p. 372-378, 1997.

62. REIS, B. F.; BERGAMIM, H. Evolução dos injetores empregados em sistemas de análise química por injeção em fluxo. **Química Nova**, v. 16, p. 570-573, 1993.

63. CERDÀ, A.; CERDÀ, V. **An introduction to flow analysis**. Palma de Mallorca: SCIWARE, 2009. 43 p.

64. REIS, B. F.; GINÉ, M. F.; ZAGATTO, E. A. G.; LIMA, J. L. F.; LAPA, R. A. Multicommutation in flow analysis. Part 1. Binary sampling: concepts, instrumentals and espectrophotometric determination of iron in plant digestion. **Analytica Chimica Acta**, v. 293, p. 129-138, 1994.

65. BERGAMIM, H. Fº; ZAGATTO, E. A. G.; KRUG, F. J.; REIS, B. F. Merging zones in flow injection analysis. Part 1. Double proportional injection and reagent consumption. **Analytica Chimica Acta**, v. 101, p. 17-23, 1978.

66. REIS, B.F.; GINÉ, M.F.; KRONKA, E.A.M. A análise química por injeção em fluxo contínuo. **Química Nova**, São Paulo, v. 12, n. 1, p. 82-91, 1989.

67. ZHENGJUN, G.; XINSHEN, Z.; GUOHE, C.; XINFENG, X. Flow injection kinetic spectrophotometric determination of trace amounts of Se(IV) in seawater. **Talanta,** v. 66, p. 1012-1017, 2005.

68. BUDNIKOV, G. K.; FITSEV, I.M.; SABITOVA, F. F.; GARIFZYANOV, A.R. TOROPOVA, V. F. Use of the Iron (II) EDTA Complex with nitrate ions for the kinetic determination of selenium (IV) by Flow-Injection Analysis. **Journal of Analytical Chemistry**. v. 49 (04), p. 1201-1203, 1994.

69. PIRES, C. K.; REIS, B. F.; Morales-Rubio, A.; de la Guardia, M. Speciation of chromium in natural waters by micropumping multicommutated light emitting diode photometry. **Talanta**, v. 72, p. 1370–1377, 2007.

70. RODENAS-TORRALBA, E.; ROCHA, F. R. P.; REIS, B. F.; MORALES-RUBIO, A.; de la Guardia, M. Evaluation of a Multicommuted Flow System for Photometric Environmental Measurements. **Journal of Automated Methods and Management in Chemistry**, v. 2006 (2006) ID 2384, p. 1-9.

71.   KRUG, F.J.; BERGAMIN, H.; ZAGATTO, E. A. G.; JORGENSEN, S.S. Rapid determination of sulphate in natural waters and plant digests by continuous flow injection turbidimetry. **Analyst**, v. 102, p. 503-508, 1977.

72. ZHENGJUN, G.; XINSHEN, Z.; GUOHE, C.; XINFENG, X. Flow injection kinetic spectrophotometric determination of trace amounts of Se(IV) in seawater. **Talanta,** v. 66, p. 1012-1017, 2005.

73. SOBRAL, L.G.S.; SANTOS, R.L.C.; FERNANDES, A.L.V.; BARD, G.N.; SANTIAGO, V.M.J. Utilização do método de oxi-redução na remoção de selênio elementar gerado em efluentes da indústria química. In **XXI ENCONTRO NACIONAL DE TRATAMENTO DE MINÉRIOS EM METARLUGIA EXTRATIVA**, v.1, 2005. Natal. Livro de resumos, 2005.

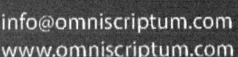 

Printed by Books on Demand GmbH, Norderstedt / Germany